A PROPOS

DE L'INFAME CAPITAL

SCEAUX. — IMPRIMERIE CHARAIRE ET Cie

A PROPOS

DE

L'INFAME CAPITAL

PAR

Le Docteur J. RAMES

PARIS

IMPRIMERIE CHARAIRE ET Cie

68 ET 70, RUE HOUDAN, 68 ET 70

1894

A PROPOS
DE L'INFAME CAPITAL

Le capital est du travail emmagasiné, du travail mis en réserve pour servir d'appoint à de nouveaux travaux.

Rechercher le capital dans son origine est un problème hors de la portée de l'esprit humain. Ce qui est avéré, c'est que le rôle que nous lui attribuons se manifeste dès l'apparition du globe terrestre.

Les notions géologiques nous apprennent en effet que notre planète, comme les autres planètes, a été d'abord à l'état gazeux; que son volume, sous l'influence du refroidissement, s'est diminué; que ses matériaux, se concrétant en partie, se sont déposés sous forme d'une couche sphéroïdale ; que les vapeurs existant dans l'atmosphère, se liquéfiant à leur tour, sont venues humecter ce premier sédiment et ont permis au monde végétal de se développer ; que celui-ci enfin, ayant épuré l'air ambiant et constitué un fonds de nutrition, le règne animal a pu apparaître.

Réfléchir à ces données, c'est reconnaître qu'à chaque phase de la création une matière première a dû passer à l'état de matière appropriée pour fournir à la phase qui devait suivre.

Actuellement, le mouvement de la vie se maintient sur notre sphère, grâce à un jeu de balance harmonique d'édification et de réduction. Les végétaux empruntent toujours à l'atmosphère les gaz à base de carbone pour en former leurs tissus et fournir à l'alimentation des animaux, cela tout en dégageant l'oxygène indispensable à la respiration de ces derniers. Les animaux, à l'inverse, brûlent les matériaux venus des végétaux et rendent à l'air l'acide carbonique et les principes immédiats nécessaires à l'existence du règne végétal.

Nous ne saurions donc que le répéter : Sans une matière première en réserve, sans un capital déjà acquis et ayant en puissance les éléments pour une évolution nouvelle, le gros œuvre de la création n'aurait pu s'effectuer.

*
* *

Ce point de vue d'ensemble acquis, entrons dans le détail : et d'abord l'homme et son intelligence.

L'origine des espèces est encore à l'état de problème, celle de l'humanité partant.

N'importe, nous ne croyons pas trop nous avancer en disant que si l'homme est apparu sur cette terre, que s'il a pu s'y maintenir, c'est par le fait d'une évolution analogue à celles que nous venons de voir présider aux destinées du globe terrestre.

Pour permettre d'en juger, mettons en rapport d'un côté le faire de la nature, de l'autre l'élevage humain.

La ligne de conduite tenue par la nature, en pareille indication, peut se traduire ainsi :

— *Natura non facit saltum*, comme disait Leibnitz. C'est en effet par nuances insensibles qu'elle édifie.

— L'importance de ses productions est [en harmonie avec l'espace de temps qu'elle y a consacré.

— Dans la lutte pour l'existence qui commence avec la vie, elle fait intervenir, par ordre et par date, l'instinct, l'amour familial, l'esprit d'association.

Ces notions émises, arrivons à l'humanité. Quel est son bilan ?

— Neuf mois de gestation, douze mois d'allaitement, dix-neuf à vingt ans d'adolescence, une débilité native, un corps inerme, une tardive virilité.

A première vue pareil inventaire est peu rassurant ; on a de la peine à s'expliquer et l'entrée en scène de l'homme et sa survie ; mais en soumettant à une analyse raisonnée l'ensemble de ces faits, en y joignant les notions acquises sur l'homme, on arrive à cette conviction que lui, qu'on aurait pu prendre tout d'abord pour un des déshérités, est au contraire un des privilégiés de la nature. Voyons plutôt.

Il a d'abord pour lui les conditions de temps.

La géologie nous apprend qu'il est un des derniers venus sur la terre. L'anatomie nous enseigne que son organisation est de toutes la plus parfaite ; au point de vue de la création, au point de vue de son organisme il est donc le résultat d'une élaboration de longue durée, d'un travail de haute portée.

Il est né faible, désarmé... Sans doute, mais ici encore n'est-il pas dans le programme? Ne voit-il pas se grouper autour de son enfance les trois éléments de soutien déjà dits : l'instinct, l'amour familial, l'esprit d'association?

Son aptitude à l'éducation laisse deviner de quel enseignement mutuel a dû profiter sa longue adolescence.

Sa perfectibilité, sous certaines conditions, ne saurait être mise en doute ; le fait est constatable de nos jours.

L'homme à l'état sauvage touche de bien près à la bête brute ; l'homme civilisé, à l'opposé, disparaît presque dans le tourbillon de ses découvertes.

L'existence du premier est plutôt du domaine des sens, celle du second du ressort de l'esprit.

Rudesse du corps et développement des facultés intellectuelles paraissent avoir suivi une progression inverse.

Ainsi donc, par la réflexion, on est amené à cette pensée, que c'est graduellement, par poussées individuelles, par poussées de groupes, que l'homme est arrivé à l'état de civilisation qu'il possède de nos jours.

Cette marche par étapes successives vers le progrès est tout à fait dans le sens du principe que nous avons énoncé tout d'abord.

Aussi ne croyons-nous pas nous écarter de la vérité en disant :

Si l'homme a réussi à vivre, c'est que sur l'instinct, capital déjà acquis, sont venues s'enter et se développer graduellement les facultés intellectuelles.

L'homme existe, son intelligence s'est développée par degrés, de façon à associer son action à celle de la nature, à avoir son œuvre à elle.

Cette marche en avant constatée, en recherche-t-on l'élément actif, on se heurte à l'individualité, et cette question se pose. Que doit-on entendre par ce mot ?

L'individualité, comme essence, reste, elle aussi, un des secrets de la nature. Comme manifestation extérieure, elle se présente sous forme d'un tout ayant son mode à lui. Elle est la variété dans l'unité, l'irrégularité dans un ordre régulier, l'imprévu dans une succession de résultats habituellement prévus, cela par l'influence tantôt de la nature, tantôt de l'homme, ou encore par l'intervention combinée des deux.

Tout à fait dans les errements de la nature, l'individualité se dégage peu à peu : *crescit eundo*.

Déjà, dès le monde inorganique, elle apparaît. Nous citerons le phosphore, un corps simple qui, suivant sa préparation, est tantôt vénéneux, tantôt inoffensif.

Dans la vie organisée, au point de vue de la forme, elle est constamment présente.

Jamais, dans aucune espèce animale ou végétale, on n'a encore rencontré deux individus rigoureusement identiques. Alphonse le Sage fit inutilement chercher par ses courtisans, pendant une journée entière, deux feuilles parfaitement semblables. Agassiz a placé à côté les uns des autres 27,000 échantillons d'une même espèce de mollusques (néritine) sans en rencontrer deux qui fussent réellement identiques. Un berger reconnaît chaque brebis de son troupeau, comme un bon capitaine connaît chaque soldat de sa compagnie.

L'intervention humaine s'accusant, l'ordre des fonctions peut aussi subir son influence et se modifier.

Le blé d'automne demande 300 jours de la semaille à la récolte, le blé de printemps 150, le blé de mai 100 seulement.

La laie sauvage n'a qu'une portée par an et produit de 6 à 8 marcassins ; la laie domestique, la truie, met bas deux fois par an de 10 à 15 petits.

Inutile de rapporter les nombreuses variations de formes et d'aptitudes obtenues par l'homme chez les animaux soumis à la domestication.

Mais c'est surtout dans le domaine de l'intelligence que l'individualité s'accentue et dépasse toute prévision. Sur ce terrain on la voit se mouvoir de l'imbécillité au génie et sans qu'aucune raison puisse en être donnée.

Un chef d'armée, hors ligne, pourra avoir pour frères, de père et de mère, de bons bourgeois incapables de commander à six hommes et un caporal. Il en est de même pour tout.

Les lois d'organisation qui président à de pareils résultats sont à peine soupçonnées. Rapprochant l'élevage humain de celui du cheval de course, tout au plus est-il permis de dire avec le professeur Samson : « L'atavisme prime l'hérédité immédiate, cela à tel point que, s'il fallait opter entre deux reproducteurs, dont l'un offrirait, avec des qualités moins parfaites, une longue suite d'aïeux célèbres par leurs mérites spéciaux, tandis que l'autre ne présenterait que sa perfection individuelle, nul doute qu'il n'y eût lieu de préférer le premier dans la plupart des cas. »

Quoi qu'il en soit, l'histoire des grandes découvertes se confond avec celle des grandes individualités : tout sujet d'étude nouveau, tout secret surpris à la nature, tout fait méritoire doit sa genèse à un seul cerveau.

D'autres viennent après, qui élaborent, qui agrandissent, qui exploitent cette donnée nouvelle.

Qu'on n'aille pas croire cependant à une conception que l'on pourrait dire immaculée. Ici plus que jamais notre proposition du début trouve sa consécration. Le capital emmagasiné est de fondation. C'est de ce fonds de réserve que l'homme de génie dégage sa création. C'est par son entremise qu'il arrive à doter l'humanité d'un pouvoir nouveau et qu'il acquiert pour son compte une individualité à part.

Une remarque est à faire à ce sujet et c'est par elle que nous terminerons.

A la longue, un progrès de plus s'ajoutant toujours, ce capital de réserve prend des proportions telles, devient si complexe, si supérieur, à propos de n'importe quelle indication de travail, que l'ouvrier de la première heure en est à peu près effacé et presque annihilé. Comment pourrait-il en être autrement, lui, de primitive tenue, obligé de faire figure dans un milieu où vient miroiter le reflet de tant d'hommes de génie ?

N'est-ce pas le cas de cette intéressante classe d'ouvriers à l'occasion desquels a été poussé ce cri stupéfiant, s'il n'eût été stupide : « La mine aux mineurs. »

Voyez-vous d'ici le tableau : Eux, d'un côté, le pic et la pelle à la main; de l'autre, tout un groupe d'individualités mortes ou vivantes représentant les indications venues de la géologie, de la physique, de la mécanique, de la chimie, que sais-je? Avec cette circonstance fatale que tout cet ensemble théorique resterait impuissant si un stock pécuniaire, résumé d'économies ramassées un peu partout n'avait précédé et n'avait fait établir par avance les moyens d'action.

Heureusement il ne s'agit là que d'un divertissement acrobatique, que de la clameur de clowns usant des épaules de ces malheureux comme d'un tremplin pour s'élancer dans une arène politique et y apporter *verba et voces, praetereaque nihil*.

Dr J. RAMES.

Sceaux. — Imprimerie Charaire et Cie.